今日も散歩が待っている

山田優子・漫画
Shi-Ba編集部・編

辰巳出版

はじめに

日本全国津々浦々、犬好きの皆さまこんにちは。AIじゃないイラストレーター山田です。この本は、実際に犬と暮らす飼い主さんから届けられた日々の出来事を漫画化し、これでもかとテンコ盛りにした本であります。飼い主さんたちの愛犬に向けられた優しい眼差しに感涙することもあれば、ツボに入って電車の中で思い出し笑いすることもあり、ついつい黙っておれずに勝手なコメントまで添えてしまいました。コレはあるある！という飼い主さんも、犬は好きだけど動画だけ、という方も、ページをめくるひとときが、忙しい毎日のささやかな「犬」ブレイクになりますように！

目次

※本書は日本犬専門誌『Shi-Ba【シーバ】』で連載した作品に加筆・修正したものと、描き下ろし作品を掲載しています。
※本文中の犬の住まい・年齢は作品が発表された当時のまま表記しています。

PART
1

みんな親バカ

愛犬を『天才なのでは!?』と感じたこと

愛犬が咽頭炎になったのをきっかけに喉に優しいと言われるH型ハーネスを購入し、首輪から変更しました。そのうち散歩中に左前足を引きずって歩くことが数回あったのですが、少し時間が経つといつも通りに戻ったので様子を見ることに。ある時また引きずり歩きをして、さらに同じ足を上げてその場から動かなくなってしまいました。飼い主は、「膝を痛めたのかしら？　それとも太もも筋肉のケガかな？」などと本気で心配したのですが、家に帰ると通常通りで、どこかに異常があるとは思えない。「ハーネスが嫌なんだろうか？」と、次の散歩から首輪に戻したら今までのことが嘘のように……。きっとあれは私たちへの彼なりの抗議だったのですね。この演技力に拍手！　我がコを天才だと感じた出来事でした。

大阪府／山本こしょう（オス・2歳）

山田's コメント

「ドッキリ大成功」の看板を持って笑う、こしょうの顔が目に浮かびます。「ハーネスが嫌でたまらないという気持ちを伝えたかっただけ。他意はない」と、クリクリした黒い目で言われれば、頷くより他はないっすね！

空はもともとボール探知能力に長けているのですが、最近になって人間にはほぼ同じにしか見えないボールの違いも見分けていることが判明しました。例えば、同じような見た目のボールを2つ見つけた時、空にとっては新しく見つけたボールに価値があるらしく、それより前に見つけたボールを差し出すと「違う、それじゃない。別のを出して」とねだってきます。微妙なにおいの違いがあるのかもしれませんが、オヤツを握って「どっち?」と聞いても十中八九ハズレを選ぶコなので、天才的な嗅覚というよりは天才的なボール好きなんだな、と思っています。

東京都/大門 空(オス・7歳)

山田'sコメント

空はマニアだな。犬の世界ではこの手の識別って、あたり前田のクラッカーなんですかね? 驚愕の能力に間違いはないが、もしヒトにこの能力が備わったらいろいろとややこしいことになりそうではある。

私が指を怪我して絆創膏を巻いていると、絶対すぐに気づいてくれるコジロー。「これ、どうしたの?」という顔で私の手を前足で引き寄せて、絆創膏をペロペロ舐めて治してくれようとするんです。また、私と主人がふざけて騒いでいて、「ヤダー!」と私が笑いながら大声を出すと、離れた所にいたコジローが駆け足で寄ってきて、私と主人の間に入って心配してくれることも。どちらのエピソードも、私たちを心配する気持ちからする行動で、優しいコに育ってくれたと思っています。

静岡県/池田コジロー(オス・6歳)

山田's コメント

優しい世界に泣いた。毛むくじゃらの天使コジロー! 犬はホントに家族のことをよく見てくれているんだな。このコンクリートジャングルの中で、もう一度愛ってヤツを信じてみたくなったぞ!

若い頃のゲンはボール遊びが大好きでした。子供たちがゲンも交えてサッカーボールで遊んでいたところ、グラウンドの外の林の中にボールが飛んでいってしまったのです。必死に探したのですが結局見つからず、その日は諦めて帰ることに……。後日、そのグラウンドの外を散歩中にいきなり山登りを始めたゲン。すると、見覚えのあるボールが目の前に！　なんとゲンがボールを林の中から探し出してくれたのです！　ゲンはちゃんと子供たちのボールを認識できる、天才なんだと感激しました♡

神奈川県／加藤ゲン（オス・15歳）

山田'sコメント

ここにもボール識別の天才犬が！　飼い主さんもおっしゃっていますが、息子さんたちのボールであるとわかっているところがすごい！　その場に居合わせて、ゲンの得意顔を拝みたかったな。

私がうちのコ天才だな……と思うのは人間の言葉を理解している時です！　例えば、「パパ、帰ってくるよ」と言うと急いで窓際に行き、本当にパパが帰ってくるか確認しに行きます。そして、夏の散歩前は氷水をいつも飲ませているのですが、玄関でスタンバイしていたコテツに、「お水飲んでからお散歩行こうね」と言うとスタスタスタと飲みにきた時は感動しました！　他にも、散歩後に暑くてコテツがバテている時に「コテツ、ピッしてあげるからこっちおいで」とエアコンのスイッチを入れようとしたら、何食わぬ顔で吹き出し口の下にフセをして、涼しい風が出るのを待っていた時には笑ってしまいました（笑）。

神奈川県／渕 コテツ（オス・2歳）

山田'sコメント

コテツの理解力が半端ない。ほとんどヒト化し始めていて笑うしかありません。犬が人類の友となって幾世紀……。これからもヒトに寄り添いどんな進化を見せるのか、期待を込めて星5つです！

山田的まとめ

動物に生まれつき備わった能力って、人間が身一つになったらとても敵わないものばかりですよね。犬の能力もとんでもないものだけど、何故だろう……彼らから滲み出る庶民感。ちょっと抜けたところのある天才とか、人間界では滅茶苦茶モテるパターンではないか!?

テーマ　愛犬と心が通じ合った瞬間

いつの頃からか、ほとんど外でしか排泄しなくなった虎鉄。そこそこ雨の降るある日「早くウンチしてくれないかなぁ」と思っていたら、そそくさと歩いて排便し「もう済んだよ、早く帰ろうよ」とばかりにアイコンタクト！ それ以来雨の日でも、外へ出ることは排泄とわかってきてくれている様子。そんな時は少しだけ、心が通じ合ったような気はしています（でもまとまった雨の日はオシッコしかせず……雨の日のウンチはムズカシイ）。

宮城県／大杉虎鉄（オス・1歳）

山田'sコメント

ウンチの後に目を合わせるあたり完全に飼い主さんの心の声を聞いているな。しかし、まったく心の声を聞いてくれない日があるのもお約束。

散歩中走っていたら、飼い主が転んで膝を怪我。リードも手から放れ、なずなは走り去ってしまいました……。でも数秒すると、振り返って駆け寄り、心配そうにそばにいてくれた時、心が通じ合ったと思いました。

東京都／野口なずな（メス・1歳）

山田'sコメント

子供の頃、似た経験があったので感情移入しまくって泣く寸前でした。最後のコマは決してふざけているわけではありません。はい、マジです。

私がリビングで寝ていると寄ってくるので、股を広げてあげます。そこへスポッと収まる瞬間に

「お前の気持ちはわかっているよ」となります。

埼玉県／丸山風（オス・8歳）

山田's コメント

飼い主さんの股間に自ら収納される犬。犬が収まりやすいように足を開く飼い主さん。ふたりの間に言葉はいらないのだな。うらやましいぞ！

愛犬と散歩していて、向こうから苦手な人が来るのが見えた時、愛犬がなんとUターンして反対方向へ！ 以心伝心？ 驚くやら、嬉しいやら。

兵庫県／永井ロッキー（オス・7歳）

山田'sコメント

飼い主さんのテンションが急降下したので、行く手に負のオーラを感じたのかもしれない。日頃から一心同体だからこその反応ですな！

写真を撮る時にイメージした表情をしてくれた時。

岩手県／佐々木ゲン（オス・9歳）

山田'sコメント

名前を呼んだ時、カメラ目線をくれるだけでなんだかとってもうれしくなるもの。ファインダー越しの愛情はきっと伝わっているはず！

山田的まとめ

愛情溢れるエピソードばかり！テーマがテーマなだけに愛の密度が非常に濃かったように思います。それにつられて漫画のセリフも熱がこもり、一部長くなってしまいました（笑）。何というか、人と犬も寝食を共にしていると同じ群れの共同体になるんですね。たまにビックリするくらい意思疎通ができる時がありますが、まったく理解不能な時もありでホントに面白いです。

テーマ

愛犬を天然だと感じた時

薄暗い冬の夕方、いつものように公園に散歩に行くと見知らぬ人影が……。警戒心の強い凛が「誰だ！ 誰だ！」と遠くから吠え続けるので、近くに行こうと勧めてみました。恐る恐る近づいてにおいを嗅ぐ凛でしたが、その人影は、近所の子供が作った雪だるまでした。戸惑いつつも何事もなかったかのように排尿ポーズをする凛……。去年も一昨年も雪だるま見てるでしょ（笑）。

神奈川県／下郷 凛（メス・6歳）

山田'sコメント

犬たちは毎日の見慣れた散歩道も、人が思う以上に真剣にパトロールしているのかもしれませんな。近所に新しいビルや店舗が建つと、以前その場所に何があったのかサッパリ思い出せない私は、凛の爪の垢を定期購入したいぞ！

オヤツをあげる時にオスワリやオテをさせるのですが、あまりに好き過ぎるオヤツだと、オテ、オカワリ、ハイタッチ、フセ、と何も言われていないのに自分ができる全ての技を勝手に連続披露します。興奮しながらバタバタッとやるので壊れたロボットみたいな動きになります。普段のオスワリとかはピッとして天下一品なのに……。

神奈川県／池田タロウ（オス・1歳）

山田'sコメント

欲しい物を手に入れるためなら、なりふりなんて構わない。ここぞという時は全力で掴みにいく。タロウは人生、いや犬生の勝者に違いない！ 求めよさらば与えられん、というありがたい言葉を思い出しました。

散歩中、すれ違った犬が気になり後ろをチラチラ見ながら歩いていたら、電柱にぶつかりました！私も相手の飼い主さんも思わず笑ってしまいました。

千葉県／柴崎クルミ（メス・2歳）

山田'sコメント

犬棒カルタ、昭和コント、ギャグの基本……。まずこんな言葉が浮かびました。続いて、実家の押入れの香りも思い出しました。最終的に大きな安心感に包まれている己に気づきました。クルミ、ありがとう。人生最後に見たい映像ベスト3入り確実！

転がすとオヤツが出るボールを、転がさずに口でくわえ、下に叩きつけてオヤツをゲットするスタイル。毎度、出てきたオヤツを見失っては「どこですか!!」とアタフタしています。「まさむね、ここっ!」と教えてあげてやっと気づく……。そんな天然な姿に日々癒されています(笑)。

宮城県/北田まさむね(オス・7歳)

山田'sコメント

まさむねは独自路線を我々に見せてくれるのだな。これ人間だと、「発想はいいけど詰めが甘いよね」などと上の人に言われるヤツだが、犬はオチまでが仕事ですから!

サンタはリンゴが大好き！ 冷凍庫からリンゴを取り出してカットし始めると、クッションを振り回して大喜びです。ある時、ダイコンをカットしていたところ、嬉しそうにクッションを振り回し始めました（笑）。リンゴと勘違いしたようで、それからも包丁で何かしらをカットし始めると、全てリンゴだと思い込んでいます。思いっきり天然ちゃんです。いつもその姿を面白おかしく見ています。

兵庫県／高橋サンタ（オス・1歳）

山田's コメント

可能性が1％でもあるなら、俺は勝負する！ そんな少年漫画の主人公並みのサンタの意気込みを感じます。叶えたい夢は、口に出すと現実がついてくるっていう、あれです。リンゴがもらえる雰囲気を、強引に作るぜ！ というアグレッシブなサンタ。まんまとあげちゃうかも。

山田的まとめ

例えば、天然のウナギと養殖のウナギを並べられて、お好きなほうをご馳走しますよ！と言われたら、養殖のほうが太っていても、何となく天然のウナギを選びたくなる。そう、天然は最強の武器。嬉しい！怖い！食べたい！大好き！直球で訴えてくる犬たちは本当に憎めない。エピソード全てに頬がほころびました。あるがままでいることは、結局みんなに愛されるのだ。スーパーの入り口で転んだ時、けっこう痛かったのに、余裕ぶってカッコつけた山田……情けなし！

テーマ　愛犬の繊細な面

普段はいつもニコニコ笑顔で食いしん坊のラナ。溺愛されているパパから珍しく怒られた時は、大好きなゴハンを食べようとしません。また、いつもみんなで一緒に寝ているのですが、寝る時間になっても私が寝室に行かないでいると「パパとケンカしてるのかな？」と思うのか、私も寝床につくまで横に来て待っています。

茨城県／山田ラナ（メス・１歳）

山田'sコメント

なるほど……。これが世にいう、〝深窓の令嬢〟というやつですな。恥ずかしながら私、初めて謁見いたしました。お散歩の際にはくれぐれも、汚れのない純粋なラナの心に付け入ろうとする輩から、パパとママに全力で守っていただきたい！

散歩が大好きで、いつもグイグイ引っ張って怒られている青。マンホールの上だけは歩かずに、必ず避けます。排水溝や階段は軽々超えていくのに、なぜかマンホールだけはどれだけリードを引っ張っても乗りません。終いには座って動かなくなってしまう程嫌みたい。マンホールに一体何があるのか見当もつきません。

愛知県／生田 青（オス・6ヶ月）

山田'sコメント

青は賢いから警戒心が強いのだと思います。得体の知れないモノに出くわした時、あらゆるパターンを想定して備えているんだな。実際、マンホールの下にけっこう深い空洞があることを、犬はその鋭い感覚で察しているのかも！

が家の繊細ガールつむぎは、お友達と飲み水を共有できません（笑）。自分の水入れでもお友達が先に飲んでしまうと、その後新しく水を入れ替えないと飲まないんです。

群馬県／小柴つむぎ（メス・5歳）

山田'sコメント

合戦前の戦国武将が如く、「盃を回せぇーッ」的なノリ、つむぎはNGですから。ママが買ってくれたコップでお水を飲む、という日常のささやかな幸せを大事にしたいんです。女の子の持ち物には、ひとつひとつにストーリーがあるんだぞぉ！

虫の羽音が苦手なリクト。小さなハエ1匹でも、キョロキョロ忙しくなります。挙げ句の果てにテーブルの下に……。そこでハエたたきを持ち出すと、なぜかムキ顔で「止めろ！」と言わんばかりに吠えるんです。リクトとハエの繊細な友情関係に驚かされます。

東京都／野川リクト（オス・4歳）

山田'sコメント

手出しは無用！　こいつの最期は俺が決める。なぜならこいつのことは俺が誰より知っているから……ということであろうか。一寸の虫にも五分の魂……。ビビりながらも宿敵をリスペクトするリクトに男気を感じた！

苦手な音の種類がいくつかあります。炊飯器の蒸気の音や、コーヒーメーカーから聞こえる「コポポ……」という音など。苦手な音の種類は限られていますが、別の部屋に逃げていきます。

福岡県／山内まり（メス・5歳）

山田's コメント

文明の利器も犬にとっては、突然妙な音を出したり光ったりするくせに表情が読み取れない謎の物体。そんなモノにいっぱい囲まれながらも、彼らなりに折り合いをつけて生活しているかと思うとホントに愛おしい！

山田的まとめ

近頃めっきり感受性の衰えを感じる山田です。においひと嗅ぎで膨大な情報を得ることができる犬たちは、人間と方向こそ違えど、繊細さは比べ物にならないんじゃないかなぁ〜。一度は同じ感覚を共有してみたいものです。人間が知り得もしないことを、彼らはたくさん知っているんだろうな〜。しかし、見えている世界がまったく違うかも知れないのに、犬と一緒に暮らすとっても楽しいのはなんでだろう。

テーマ

愛犬のかわいさのあまり飼い主がやり過ぎたこと

専用ドッグランを作りたくて、本気で土地を探したこと（もちろん買ってないです）。

愛知県／杉山真海（メス・3歳）他

山田's コメント

ちょっと手が出せないような高額商品を、冷やかし半分で物色している時って妙に楽しい。妄想は広がるばかり。今年も宝くじが当たったら何を買うか、今から具体的に考えておこうっと！

動物病院が大嫌いな子です。診察台へ乗っても大暴れ。動物看護師さんが必死に抱きかかえ、「お母さん！ 福ちゃん応援してあげて！」。歯をむき出しの福に向かい、「がんばれー、母さんいるよー、いいコね、すごいよ、上手だね」と、思いつく応援をし続けて、終わった時には疲れ切っています。やり過ぎてしまい、待合室の方とは目も合わせられません。動物病院に行くたび、今でも応援しています。

千葉県／大浦 福（オス・3歳）

山田'sコメント

ご安心ください。私も応援系飼い主東京代表です。動物病院の日は著しい体力の消耗が予想されるので、夕飯はてんやもん……あ、いえ、デリバリーにしています。

犬をひざに乗せてまったりしている時、あまりにかわいくて首の後ろとか耳のあたりに自分の

顔をうずめてモフモフしていました。ただし、鼻や口の中に毛が入って、しばらくムズムズと違和感が……。

石川県／谷 グミ（メス・5歳）

山田'sコメント

ヒトはなぜモフってしまうのか。密度の詰まったフワフワの毛を見ると衝動を抑えられません。メンサ会員の方々に解明してほしい。理由もわからぬままに、今日もモフっています。

おいしいものを食べさせたくて、ドッグフードを数種類買ってしまいました！

長野県／吉澤ゆめ（メス・2歳）他

山田'sコメント

軽快なテーマソング、おいしそうに頬張る愛くるしい犬たち、飼い主ゴコロを煽りまくる宣伝文句……ついつい、いろいろ手が伸びる。買い過ぎたって大丈夫！愛犬たちの胃袋は底なしだ！

犬自慢をし過ぎて、彼女の話を全く聞かずに激怒されたことがあります。

和歌山県／田中モモ（メス・5歳）

山田'sコメント

男性が「やっちまった！」と気づく頃、女性は怒りの富士山登頂を達成し、日の出なんかを拝んでいる頃だと噂で聞きました。デパ地下で一番長い列を作っている店のお菓子とか持っていくと良いと思います。

山田的まとめ

やり過ぎてしまった飼い主さんたちが大集合です。愛犬たちの汚れなき瞳で見つめられると、何とかしてあげたい！ いても立ってもいられない！ と突拍子もない行動に出てしまうもの。視界の隅に周囲のあきれ顔……。自分のことを棚に上げ、場面を想像してかなり笑ってしまいました。これからもその調子で頑張っていただきたい！ イラストは大好きな昭和歌謡レコードジャケット風にしてみました。

WAO!

どうです
抗えないこの魅力……

PART 2

犬はナゾだらけ

テーマ

愛犬または飼い主の謎行動

和

栗は散歩が嫌いですが、自分で階段を降りてくれるので、玄関にハーネスを広げ、オヤツを見せて待っています。ただ主人がやると途中で立ち止まることがしばしば。そこで階段にフードを一粒ずつ置いて誘い出すのですが、ハーネスをつける一歩手前でフードを全て食べられた挙句、階段に素早く戻られてしまいます。オヤツのレベルと行動のレベルが比例しているので、ハーネスをつける時はチーズか肉レベルでないと……。

大阪府／久保和栗（メス・9歳）

山田'sコメント

フード点々作戦はすんでのところで失敗するものだ。動物の危機回避能力と腹時計にはホント恐れ入る。

散歩中、河川敷のグラウンドに落ちているボールを探すのが好きな愛犬のため「ボール見つけた！」という演技をよくします。適当に「そこにボールがあるよ」と言っても反応が薄いのですが「あ！あれボールじゃない？」と言うと嬉しそうに駆けていくので、その姿見たさに、日々演技力を磨いています。

東京都／大門 空（オス・6歳）

愛犬のために本気の芝居を見せるとは飼い主の鏡だと申し上げたい！ きっと家に戻ると紫のバラが届いていることであろう。

あずきはゴハン（手作り食）や食後のデザート（ケーキなど）を、器から一旦床に落とします。ゴハンは肉と野菜をより分けているらしく、床の野菜は残すので理由は明らかですが、ケーキは落としても結局全部食べるので、なぜ落としているのか〝謎〟です。

茨城県／麻生あずき（メス・13歳）

山田'sコメント

五郎丸選手のルーティン的なアレかもしれない。野菜をとらにゃ～だちかんぞ～、という昭和CMをひっそり思い出しました。

散歩に行こうとリードを見せると、テーブルの下に逃げてしまいます。そのため、飼い主である私がテーブルの下にもぐり、四つん這いになって逃げ道を塞いだり。そんな時には「こんなテーブルの下で、いい大人が何をしているんだろう」とふと思ったりします（笑）。

滋賀県／恵島いなり（オス・6歳）

山田'sコメント

我に返ってはいけない。我に返らなければ人生大抵のことは幸せなのだ。ちなみに同じ場面、相手が猫だと軽く5倍は冷たい。

私の名前は知らないけれど、愛犬たちの名前を知っている人が散歩コースに多数いました。思い切って「なんで？」と訊ねてみたら『マリン！　マコ！』って何回も呼んでるでしょ～」と……。

岡山県／栗原マリン（メス・8歳）他

山田'sコメント

やっぱりご近所さんはちゃんと見ているんだな。私もいくら締め切り明けでも化粧くらいしようと思う。

山田的まとめ

いやぁ〜、それぞれ場面を想像するだけで頬が緩みました。感動したのはエピソードから伝わってくる、飼い主さんたちの愛犬と向き合う姿勢の本気度ですよ。真剣勝負だからこそ謎の珍プレーが生まれるってやつです。そして真剣勝負といえば、厳しい自然の中でマタギとともに熊と戦う、北海道犬を思い出します。屈強な彼らもまた、時にはズッコケ珍場面を繰り広げたかもしれないと思うと、なんだか微笑ましいですね。

テーマ 愛犬のゆずれないマイルール

散歩の時は必ず、自分が先頭を行かないと気が済みません。夫婦でリクの散歩に行くと、たまに旦那がリクより前を歩く時があります。そんな時は、旦那の姿を見つめながら急いで追い越して、もとのペースに戻ります。

神奈川県／内藤リク（オス・14歳）

山田'sコメント

チームを引っ張っていくのはこの俺だワン！という、リクの強い気概を感じる。一番前ってなんだかカッコイイ。バラエティー番組のひな壇だって、大抵最前列は華やかなモデルさん。友達犬に見られても鼻が高いぞ！

自宅でウンチをする時は、きちんとケージ内のトイレに入って、しゃがみながら謎の後退をしていきます。結局ケージの外にお尻だけ出してウンチをするので、飼い主はいつも紙を構えて、空中キャッチ（笑）。その後は飼い主が捨てるのを見届け、急いでまたトイレに戻って、ごほうびの納豆を待っています。

東京都／麻生まめ太郎（オス・1歳）

ここでウンチしなさいと教わったからするけど、僕、ウンチさんとはなるべく距離を置きたい……。まめ太郎はウンチとの距離感が気になっているんだな。確かに存在感が強くて、グイグイ来るよね。ごほうびはひとりでゆっくり楽しみたいもの。

写真を撮ると、終えた後に必ずギャラ（オヤツ）を要求してきます。撮っている時はおとなしくいてくれるのですが、カメラをしまった途端に真顔で歩み寄ってきて、無言の圧をかけてきます。

茨城県／小林チチャリート（メス・3歳）

山田'sコメント

言葉だけじゃごまかされない！　愛情は形にして見せてくれなきゃダメ！……さすがは女子柴。肝心なところはとことんシビアだ。あと、私も「チチャリート」って言ってみたくて、漫画描きながら何度も口に出してしまいました。

散歩から帰ってくると水分補給をするのですが、毎回必ず水道の蛇口から直飲みします（笑）。

神奈川県／加藤ゲン（オス・16歳）

山田'sコメント

チョビチョビ飲んでられねーぜ！ と言わんばかりの豪快な水の飲み方をする男前のゲン。これって、部活のカッコいい先輩が、校庭の水飲み場でやるヤツじゃないか？ 女子の胸キュン必至だな。小道具にレモン石鹸も忘れずに！

散歩中、後ろから近づいて来る気配を感じて、それが知らない人だと確信した時は、突然座り込み「お先にどうぞ」をします。以前、知らないおじさんにそれをしたところ、「心配せんでも悪い人ちゃうで」と笑いながら通り過ぎて行かれました。

大阪府／中西くるみ（メス・7歳）

くるみは背後に知らないおっちゃんの気配を感じていた…
ヒタ
ヒタ
ヒタ
迫り来るおっちゃんの足音…
キンチョーMAXのくるみ
どうするくるみ!!
ペタッ
先に行って!!
おっちゃん悪い人ちゃうで
まぁ服は攻めてるけどな

山田'sコメント

さすが、デキる女子柴くるみ。危機管理能力は抜群だ。背後の足音が怖い時は、さりげなくスピードダウンして追い抜かしてもらうのが一番。これなら背後の紳士たちも正々堂々歩けるというもの。しかしやることなすことスマートだな！

山田的まとめ

なんか、ホントに犬っていい奴だなぁ……と改めて思いました。自分のルールを押し通しているように見えて、基本的には人間の生活に合わせてくれているのが垣間見えます。言われた通りにするし、一緒にどこでも行くよ、でもこれだけはゆずれないからね、という優しい主張に感じました。だいたい犬は顔つきからして人（犬）のよさがにじみ出ていますよね。その笑顔を絶対に守ってあげたい！

WAO!

テーマ

愛犬に見た“おじさん&おばさん”

お昼寝中、ふーっと深いため息をついて寝返りして、おならをした時。プスッと音がする時と、すかしっ屁でいきなりにおいが広がる時の2パターンあります。

秋田県/稲川きなこ(オス・2歳)

山田'sコメント

例えばつまらないことでクヨクヨ悩んでいる時、おのれの放屁の音に吹き出し、悩みが吹き飛ぶことがある。例えば子供らが遊べとせがむ時、屁のひとつでも奏でれば転げ回って大喜びだ。予想と違う音で意表を突いてきたり、屁は中々侮れない!

散歩中に知人に会って話を始めると、それまで早く行こうと急かしていたのに、最近は自ら主婦たちの井戸端会議に参加していきます。おじさんなのに、おばさんみたいです。

埼玉県／廣島 櫂（オス・6歳）

山田's コメント

井戸端会議する母の手を引き、「お母さぁぁーん、早く行こうよぉぉぉー」と訴える子供。道でよく見る光景です。しかし、これで終わらないのが櫂のスゴイところ。短期間で順応して、楽しさまで見出している。暮らしの達人とはこのこと！

ゴハンをモリモリ食べて、水をガブガブ飲んだ後にゲップをしてすっきり。パパも一緒にゲップをしていると、「ウチの男どもは何なの!?」とママに呆れられています。

北海道／福田大福（オス・4歳）

山田'sコメント

おいしくゴハンを食べられるのが一番幸せだワン。今日もお腹いっぱいだワン。なんと微笑ましい一家のワンシーンであろうか。大福もパパも心底リラックスしているからこそのゲップ。ママごめん、お行儀悪いの許してちゃぶ台。

昼間、リラックスしている時に「オヤツ食べる?」と聞くと、フセの体勢から、よっこいしょ〜っと体を持ち上げ、のっそのっそと歩いて来ます(笑)。

神奈川県/渕 コテツ(オス・3歳)

山田's コメント

がっつかないあたりにコテツの育ちの良さを感じます。誰も横取りしないし、意地悪もされない、のんびり行っても母ちゃんは絶対オヤツくれるしぃ〜、という余裕があるんでしょうな! コテツは目一杯愛されてるな〜。

座りでTVショッピングをガン見している時です。目の前にお茶とミカンがあれば、完璧なおばちゃんです。

北海道／大石くるみ（メス・2歳）

山田'sコメント

これやる犬、よく見かけますがホント好き。崩した体勢と神妙な顔がいとおかし。いったい何を考えて画面を見ているのだろうか。ハッ、まさか飼い主の真似か？ そうなのか？ いや待て、私たち人類はもっと知的な顔で視聴しているつもりなんだが。

山田的まとめ

都市計画の話などを耳にして、それが完成する頃あたしゃ生きとるかのぉ〜とリアルに思うようになった山田です。世間ではよく、「恥じらいをなくした時からオジサンオバサンになる」と言われますが……、恥じらいがない↓体裁を繕わない↓無邪気↓犬、というアクロバティックな解釈で、勝手に犬に仲間意識を感じた次第であります。これからは犬や猫とオナラしながら面白おかしく暮らしていくぞ！

テーマ

これってウチだけ？ 愛犬との変な遊び

フリスビーやボールを投げると、口ではキャッチせずに、手で取ろうとします。なので、バレーボールのアタックのように下に叩きつけたり（払いのける感あり）、真剣白刃取りポーズになったりします。彼なりの遊び方だし、楽しそうだけど……。まわりには珍しがられます。

宮城県／北田まさむね（オス・6歳）

山田'sコメント

すごい！すごイヌまさむね……！信頼する飼い主さんがフリスビーを手で扱っているのを見て純粋に追随したのかもしれない。違うよ、と言う友達犬の言葉にも耳を貸さないんだろうな。

家であまり「かまってかまって」と言わないクールなぷく。でも相撲遊びだけは大好きで、目を輝かせて遊びます。どすこい、どすこい、と飼い主が張り手の真似をして迫っていくと一気にテンションマックス！プレイバウ体勢でぷくも応戦。特に飼い主2人からどすこい責めをくらうとキラキラした目で応戦するぷくがたまらなくかわいいです。

静岡県／郷木ぷく（メス・1歳）

山田'sコメント

日頃はクールな女子柴ぷくの感性のどの辺りに刺さったのだろうか。ダサいものに手厳しいと思いきや、一転「カワイイ!」とか言い出したりして、本当に女の子は難しいな……。

散歩が楽しかったり、ゴハンがいつもよりおいしかったりすると、大きめの座布団の横で誰かが来るのを待ちます。そして人が座布団を持ち上げると、それにマウンティングをし始めます。ひとりでやればいいのに、必ず誰かが座布団を持ち上げてあげないとダメみたいです。

北海道／上出春瑠（メス・4歳）

山田's コメント

ごきげんマウンティングは大好きな飼い主さんと一緒に……。小学生が遊んでいる時、「お母さん見てて〜！」って引き止めるヤツをふと思い出しました。幸せオーラに嫉妬！

「**手**をついての三段階活用」という遊びがあります。小上がりの畳に前足をついて遊びます。両手をついて後ろ足を上げて「ジャンプ」、両前足で小上がりを太鼓のように叩く「タタタタ」、小上がりを左前足だけで叩く「トーントントントン」。必ずこの順番がセットになって全身を鍛えています（笑）。

埼玉県／北島こころ（オス・12歳）

山田'sコメント

人も犬もメチャクチャ楽しそうだ！ しかし、三段階活用については山田の解釈にちょっとしたズレがあるやも知れません。大体合っていますか？ ５Gの時代にこのすれ違いはもはや贅沢。

散歩途中で拒否柴になった時

「よーいドン！ りとちゃんピッピッピ♫ りとちゃんピッピッピ♫」と掛け声をかけると走り出します。

兵庫県／地頭江理人（オス・7ヶ月）

山田'sコメント

軽快、リズミカル、よくわからないけど楽しそう！ いったい何が琴線に触れたのか……。「りとちゃんピッピッごっこ」がしたくて拒否っている説もありですな。だとしたらかなりのプロ柴。

山田的まとめ

いったいなぜ？　どうしてそうなった？　そこに生産性はあるのか？　などという問いはここでは野暮だ。これは犬と正面から向き合った者だけが到達する、偶然と必然が絡まって生まれた究極の遊戯にほかならない。各家庭の諸事情や空気感の中でしか再現できないものだけど、なんでこんなに笑えるのか……。この面白さを伝えきれない山田の表現力のなさが悔やまれる！

テーマ　愛犬が空回りした行動

散歩の時、いつもイチにたくさんオヤツをくれる方がいます。その公園に向かう時に、ものすごい勢いで向かい、カッチリとオスワリをするのですが、その方が来なかったり、オヤツがない日は「エ？オヤツはないんですか??」という顔をします。恥ずかしい……家でもあげてるのに（汗）。

千葉県／前田イチ（オス・2歳）

山田'sコメント

わかる、わかるぞイチ。優しい方々のご厚意に期待してしまったその気持ち。特に日本のおもてなしサービスに慣れていると、いたって普通の対応がなんだか素っ気なく感じてしまうことすらある。いやぁ〜日々皆様に感謝っす！

とにかく外が大好きなラナは、人も犬も大好き。出先で会った犬には、すかさずお尻を差し出し、自己紹介しだすことがあるので笑ってしまいます。特に同じ柴犬に会えた時の喜びはひとしおで、普段はおとなしいラナもスイッチオン！ムキ顔で爆走し始め、時々お姉さんやお兄さんに引かれています（笑）。

茨城県／亀山ラナ（メス・2歳）

山田'sコメント

ラナの天真爛漫さよ。とってもかわいがられて育ったんだろうな。このルックス、この社交性、この胆力。必ず将来トップを取る犬材だ。もしスター誕生に出場したら、レコード会社のプラカードが全部上がること間違いなし！

くで「かわいい」と聞こえると、声の主を全力で待つ桔梗。待っていると自分じゃないことに気づいて落ち込んでいます。

栃木県／永吉桔梗（メス・2歳）

山田'sコメント

「かわいい」は桔梗のミドルネームですよ？ 自分のことだと勘違いって、そりゃあ仕方ありません。だってかわいいんですから。おめめクリクリのモフモフですよ？ 桔梗の〝かわいい劇場〟はまだ序盤です。PART2、PART3も公開予定！

コタツ布団を一生懸命に掘るレオ。オヤツを置いて、鼻でエアー土かけをして、やりきった瞬間、

飼い主にオヤツを撤収されるのが我が家の愛犬です。

茨城県／菊池レオ（オス・1歳）

山田'sコメント

声を上げて笑ってしまいました、オバさんは。レオの真剣なホリホリ＆埋め埋めを想像するとね、もうね、腹が……。そして計算しつくされたコントを見ているかのような、飼い主さんの見事な間。このコンビは化ける……！

ちゃんに「おいで〜！」と呼ぶと、ハイハイする赤ちゃんと一緒にカフも走ってきます！赤ちゃんを抱っこすると「違うのか」と理解して帰っていきます。かわいい赤ちゃんと愛犬のエピソードです。

神奈川県／関戸カフ（オス・1歳）

山田'sコメント

かわいい赤ちゃんと犬、優しいママの笑い声。プレイマットの上の幸せそうな光景が、すさんだ心に染み渡ります。夜、眠りにつく前に思い出すようにしたい。カフ、もう少し経てば赤ちゃんは君の一番の友達になるはず！

山田的まとめ

犬って、空回りしているのが似合うな……そう思いました。人のよさそうな顔とか、忠実で一直線な性格とか、ちょっとだけ不器用な感じとか。でもそのジタバタしている様子がかわいい。要領なんてよくならなくていい。そのままでいてほしい！ちなみに私自身が空回りを実感するのは、思い入れたっぷりに時間かけて描いた絵より、鼻ホジ状態で片手間に描いた絵のほうが、圧倒的に友人知人の評価が高い時ですね……。

テーマ

飼い主と似てきた愛犬の一面

我が家のドッグランでははしゃぎ回るのに、よそのドッグランに行くと固まってしまうところ。内弁慶の犬見知り（飼い主は人見知り）。

長崎県／今福和花（メス・3歳）

山田'sコメント

ちょっと想像してほしい。もし自分が、知り合いゼロのセレブな立食パーティーに放り込まれたら、と。山田の場合、それは遭難に等しい。そう思うと、今この瞬間にもドッグランにいる、ボッチの柴を抱きしめたくはならないだろうか。

在宅勤務になってからは、業務終了の時間がわかるようになったようで、時間になると仕事部屋に来て散歩待機し始めます。

東京都／溝口ガム（メス・5歳）

山田'sコメント

いつ、どこで、誰に、どのタイミングでおねだりすれば、自分たちに良い結果が与えられるか彼らはよく知っています。まずはその蓄積されたイヌデータに、私たち飼い主がどう記録されているか一度確認させてほしい。

私がたくさん食べる性分で、いつも食べ物がないか家の中をウロウロしています。最近は愛犬もゴハンを全部食べたのに、家の中をウロウロ……。夫はそんなふたりを見て苦笑いをしています。

東京都／江崎春太（オス・2歳）

山田's
コメント

よく食べる人はたいてい良い人です（山田調べ）。そしてたいてい頼もしかったりします。そもそも、「わぁ、おいしそう！ 食べたい！」っていう情動が〝陽の気〟しかありません。春太のおうちはいつも笑い声で溢れているんだろうな〜。

食卓に食事を並べると飼い主の真似をして、当たり前のように食卓に座ります。

東京都／斎藤でん（オス・1歳）

山田'sコメント

ボクも家族の一員だから、当然食卓だって一緒に囲むワン！ 愛情たっぷりに育てられ、疑いを知らない、でんのキラキラおめめが目に浮かびます。いっそみんなで同じゴハンが食べられたなら……と思ってしまいますな。

我が家には子供が3人いるのですが、毎日バタバタ走り回ったりボールを投げたりと激しく遊んでいます。そんな中でも、夫と青は「寝る！」と決めたら、どれだけ大きな音が鳴っても起きることがありません（笑）。私はすぐに起きてしまうので、寝るなんてもってのほかですが、ふたりとも「よく寝られるなぁ」と感心しています。

愛知県／生田 青（オス・1歳）

山田'sコメント

なるほど、これが心頭滅却というヤツか……。おそらくパパと青は何らかを超越し、何らかの境地に達したのかもしれない。その何らかの正体については、ちょっと難しくてわからないのでチャットGPTに聞いてみたいと思う。

山田的まとめ

人も犬も一緒に暮らしていると、お互いが心地よくいられる丁度いいルールみたいなものが自然と生まれるもの。そして、そのルールの中で毎日過ごしていくうちに、いつのまにやら似てきてしまうのかもしれませんな。しかし、行動や口ぐせが似るのはなんとなく理解できるんですが、顔つきまでも似てくるのはどういう現象なんだろう。こ、怖くないっすか⁉

楽しければ

意味なんて無くてよし！

PART 3

犬から学ぶ

テーマ　愛犬の成長に感動したこと

散　散歩デビューの頃は、何をしていいのかわからずウロウロしていたのですが、今や時間と距離を長引かせることに長けています。「ウンチが出る！」とサインするので畦道に戻ったら田んぼ道を楽しみ（結局ウンチはせず）、家に近くなれば遠回りの道を選びます。散歩大好きになりました（笑）。

三重県／井上桃姫（メス・2歳）

山田'sコメント

桃姫はホントにお散歩大好きっ子（昭和感）なんだな！ウンチするそぶりを見せて帰宅拒否とはうまい作戦だ。どうすれば飼い主さんが「仕方ないな〜」と許してくれるのか、普段からよく観察しているようだ。女子柴は駆け引き上手が多し！

排泄は外派ですが、夜中はリビングでトイレシートにすることが多いです。ちゃんとできたらオーバーにほめてあげます。以前は深夜に「オシッコ出たよ～」と私の部屋のドアをカリカリ引っ掻いて起こしに来ていて、そのたびにシートの前でほめていました。かわいいけど、これが続くと辛いな……と思っていたのですが、今では起こしには来ず、私が夜中に起きるとやってきて廊下で待機するように。起こしたら悪いと気遣ってくれているのかな、と勝手に感動しています。

神奈川県／浜地 漣（オス・3歳）

山田'sコメント

起こしちゃうと悪いかなぁ、でも上手にできたので見てほしい……。ただ純粋に飼い主さんにほめてもらいたい漣と、眠い目をこすりながらほめてあげる飼い主さん。そうか、天使って真夜中にいたんだな……。

自宅の横に農道があります。そのせいか頻繁に庭にヘビやムカデが出ます。子犬だった影虎は初めて見るヘビと遊べると思ったのか

挨拶に行き、案の定鼻を噛まれて顔がパンパンに。これでもうヘビには挨拶に行かないと思っていたら、今度は山で足を噛まれてしまいました。

現在は毒ヘビがいたらすぐに逃げ、普通のヘビは吠えて追い払っています。体を張って成長したな、と感じています。

岡山県／小西影虎（オス・10歳）

子犬の頃ヤマカガシに鼻先を噛まれ
数日間顔を腫らすハメになった影虎…
パ
パ
以来ヘビをクンクンしなかったが
今度は足を噛まれてしまった!!
なにィ
この経験から今ではヘビを見ると追い払い
ワン
ワン
それが毒ヘビならすぐ逃げるという対策を
自ら行うようになった!!
おお!!

山田's コメント

これで野外活動はバッチリだぜ！　影虎にはボーイスカウトから優秀な指導員としてオファーが殺到するはずだ。ヘビって意外なところに潜んでいるから要注意。昔、特許庁の玄関を横切るアオダイショウらしきヘビを見たぞ！

ふすまの開け方を段階的に覚えていったことです。最初は飼い主の閉め忘れた、少しの隙間に鼻を突っ込んで開けていましたが、やがてふすまの重なりの出っ張りに鼻を引っ掛けて開けるように。ついには出っ張りのないふすまも自由に開けられるようになりました。その瞬間は見たことがなく、開け方はいまだに謎なんです……。

高知県／岡宗ツン（オス・7歳）

山田'sコメント

ツン、すごいな……そのひらめき。ニュートンとかそのあたりを思わせる大物感。「遊んでいたら偶然に」「何気ない会話から」「ふと思ったんだけど」発明の天才たちはだいたいこんな感じ。カッコよ過ぎだろ！

北

海道の中でも雪が多い地域に暮らしています。もちが幼い頃、散歩中に私が雪道で転ぶと遊んでいるのかと勘違いしたのか、もち大興奮！　バウポーズで大はしゃぎしていました。今年、再び散歩中に転んだ時には心配そうに駆け寄って来て、私の顔をペロペロ舐めてくれました。神対応に感動でした♪

北海道／鹿谷もち（オス・3歳）

子犬の頃は
ちがうよもち〜
ワン
ワン
雪道で私が転ぶと、遊びと勘違いしてじゃれついていたもちも…
わ!!
今では心配して駆け寄り顔を舐めてくれる程オトナになった
そんなもちの姿に
大丈夫？
北国のお友達の目にも熱いものが込みあげるのだった…

山田'sコメント

真っ白い雪景色。真っ白いフワフワのもち。飼い主さんの笑い声。まるで私も一緒にもちの成長を見ていたかのようなトリップ感だ。しまいには北の大地への憧れが爆発してしまった。オコジョとイイズナって見分けが難しいな。

山田的まとめ

何も知らない無邪気な子犬の頃も、一緒に年月を重ねて気持ちが通じ合うようになった今も、どっちもかわいいから困ったもの。犬のほうも「昔はなかなか話が通じなかったけど、最近よくわかってくれるようになったよな」なんて、飼い主のことを見ているかもしれない。年だけ重ねても、中身は20代の頃と大して変わらないとはよく聞く言葉ですが、ホントにそうなのか？ みんな成長しているはずだ！

テーマ　愛犬に気を遣われた瞬間

私が昼寝をしていると、同じ部屋に移動してきて一緒に昼寝をします。いつも夜寝る時に「寝るよ」と声をかけているので、私1人で寝られないと思われているのかも。

埼玉県／丸山 風（オス・10歳）

山田'sコメント

見守っているつもりが見守られていた！ ハートウォーミングなどんでん返し。犬は2、3年もすれば立派なオトナになるんだってわかっちゃいるけど、見た目がかわいいままだから、ついつい子犬の頃と同じように接してしまうのだ。

私が学生の頃、部活中にギックリ腰になった時です。支えがなければまともに歩けず、床に這いつくばるような状態で帰宅すると「いつもと様子が違う」と感じ取ったのか、とても驚いたような心配したような感じで私のまわりをウロウロし、トイレに行く時もついてきてくれました。

大阪府／松下あずき（メス・16歳）

山田'sコメント

動物はいつもと違う気配にとっても敏感。普段は元気なお姉ちゃんが苦痛に顔をゆがめる様子に相当驚いたはず。あずきはツンデレに見えても、毎日家族ひとりひとりの様子をきちんと見守っているんだな。あずきの優しさに全柴が泣いた！

仕事から帰宅した後は、人間の夕飯や愛犬の手作りゴハンの支度などでバタバタしていますが、

おとなしく前足クロスのフセをして待っていてくれます。私が殺気立っているからでしょうか……。

東京都／安間栗太郎（オス・5歳）

栗太郎ただいま〜〜今ゴハン作るからね
まずは栗太郎
そのあと人間のご飯ね
まった！先にメール返信しないと！
え、雨降ってる?!洗たく物！
くわっ
あ〜〜！なんでこんな忙しいのかねえ
私の体が3つも4つも欲しいよ!!
今は遠くから見守っていよう
そう思った栗太郎である

山田'sコメント

今は話しかけないほうがいい……。そんな凄まじい気配が栗太郎に伝わったようだ。さっさと用事を片付けて愛犬をモフりながらゆっくりしたいのに、次から次へと雑務が押し寄せる。こうして追い込まれていった時、人は鬼と化すのだ！

ゴハンの時間を17時15分と決めているのですが、17時から私の仕事場を遠くから見つめ始め、17時20分までは静かにしています。仕事の都合で動けず、さらに超過してしまうと私のまわりに置いてある本などをかじり始めるのです。15分から20分までの5分は許してくれるみたいです。

東京都／品川風太（オス・10ヶ月）

山田'sコメント

考えてみよう。人間も、それも大の大人ですら、空腹になるとやたら機嫌が悪くなる御仁が職場に1人や2人いるはずだ。風太は5分待った。飼い主さんが今取り込み中であることをきちんと理解した上で、だ。犬ながらあっぱれ！

散歩中に友達犬の飼い主さんを見つけて、シッポふりふり大喜びで撫でてもらった後「あっ！」という表情で私のところに戻って来る時に、気遣いを感じます。

東京都／石橋まる（オス・5歳）

山田'sコメント

かわいがってもらって、ついはしゃいじゃったけど、一番好きなのはご主人だワン！これは犬あるあるですな。一見調子がいいようだけど、飼い主さんの愛情を失いたくない気持ちからの行動だと思うと、とってもかわいいッス！

山田的まとめ

ゴハンやオヤツを前にした途端、シッポをブンブン振る犬たちの日頃の姿を見ていると、なんて単純なんだろうと笑ってしまいますが、皆様から寄せられたエピソードを拝見するうちに、彼らは人間の想像以上にいろいろと考えているのかもしれないと感じました。犬ルールの中で考え抜いた末の気遣いだと思うと、それがたとえ見当違いだとしても愛しくてたまりません！

テーマ　愛犬に憧れるところ

滅多に笑わずシッポも振りませんが、本当に楽しい時や嬉しい時に思いっきり笑ってシッポを振ってくれます。

北海道／中西けんすけ（オス・3歳）

山田's コメント

わかる、わかりますぞ！　その場を取りつくろうのは簡単だが、だんだん辻褄が合わなくなり、後味悪い結果になりがち。それなのに鏡を見れば、卑屈な笑顔が張り付いた私の顔……。けんすけの正直さに憧れる飼い主さんに同意が止まらない！

何度嫌な思いをしてもグレないところに憧れます。拾い食いで叱られ、散歩中に足を踏まれ、飼い主との就寝中に寝返りで蹴られるなど。私もそうなりたい……。

東京都/安間栗太郎(オス・4歳)

山田's コメント

アタイだけこんなひどい目にあうなんて許せない！みんな同じ目にあえばいいのサ！……山田の人間性ならおそらくこう思うだろう。我が身に起こった災難を、愚痴ひとつ言わず受け入れて、自分で消化できる栗太郎……。オンラインサロンがあれば信者になりたい。

人間は欲にまみれていますが、愛犬だいすけはボールで遊べばすごく喜ぶし、ちょっと太めのミルク味ガムで大満足していて憧れます。

愛知県／園田だいすけ（オス・2歳）

山田's コメント

だいすけは洗練されているな。これ、ミニマリストってやつじゃないか？ ウチも毎年断捨離を決行しているのに、気がつけばタンスがパンパン状態。だいすけのように、お気に入りのものだけに囲まれた、シンプルでオシャレな暮らしを目指したい！

引き締まったスタイルと脚力、そして毎日お通じが出て健康なところに憧れます。

長野県／三枝らん（メス・3歳）

山田'sコメント

女性と便秘の闘いは語り尽くせない歴史がある。古今東西、世のご婦人たちを悩ませてきたこの症状。らんのように、便意を感じたらすぐにトイレに行く意志と環境が大事だ。らんのすこぶる健康な腸に、生命の息吹を感じる。

どんな犬にも挨拶する積極性と社交性……。飼い主にはないのでとてもうらやましいし、憧れています！ 親バカですがイケワンなので、単純にそのビジュアルにも憧れています（笑）。

東京都／柳井ワン太郎（オス・3歳）

山田'sコメント

なかなか積極的になれない主人公を、いつも見守りつつ新しい世界に連れ出してくれる、ちょっと強引で口数の少ないイケメン……。そんなストーリーが降りてきました。お互い好きってなかなか言えないところにキュンキュンするのだ！

山田的まとめ

無邪気は最強。そう思いました。犬は犬として精一杯生きること以外眼中にないので、無駄な思考で頭を悩ませている暇なんてないんだろうな。自分ができるのはコレだけッス！あとは無理ッス！という明快さは、悩み疲れた現代人が憧れを抱かずにはいられないはず。さらにモフモフのかわいいルックスに癒されるわ、オキシトシンもドバドバ出るわでもうメロメロです。犬たちよ、ずっと人類のお友達でいてね。

テーマ　# 愛犬の武勇伝

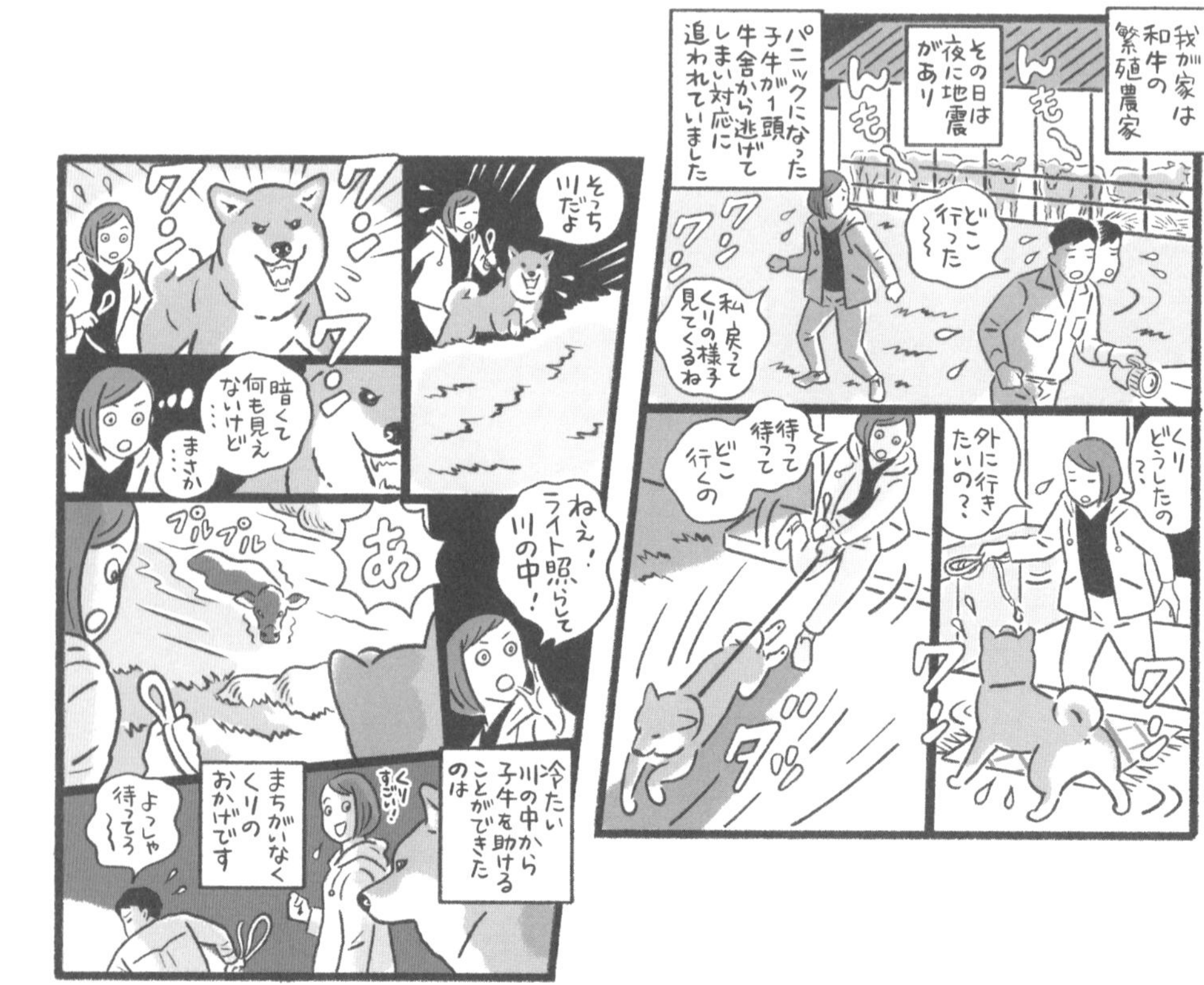

我が家は和牛の繁殖農家。地震が起きたある夜、子牛が牛舎から脱走しました。懐中電灯の明かりを頼りに辺りを捜索するも、見つからず……。家に戻ると、くりが珍しく外に行きたがります。外に連れ出すと、川の前まで私を引っ張っていき、激しく吠え始めました。主人が水面を懐中電灯で照らすと、キラリと光るものが。川に落ちて寒さで身動きが取れなくなっていた、子牛の目でした。くりが教えてくれなかったら、見つけられなかったと思います。

茨城県／池田くり（オス・5歳）

山田's コメント

まるでドラマを見ているかのような、臨場感溢れる飼い主さんのお話を泣く泣く省略。子牛の居場所に導いてくれた、くりの頼もしさが伝わるでしょうか。犬ってよく、草むらから子猫見つけてきたりするけど、あれ何なんだろうね？

里帰り出産のため、予定日の20日前に実家に帰っていた時のことです。はなの散歩をお願いしていた母が「今日はオシッコだけしたら、帰りたがるから」と帰宅。家に戻ったはなは、私から離れようとしません。その様子を見た母親が「何かあるかもしれない」と仕事を休んでくれた直後、破水↓入院↓出産となりました。20日前だったので、誰もがまさかと思っていたのですが、はなだけはわかっていたようです。

奈良県／永野はな（メス・3歳）

山田'sコメント

はなに神秘を感じずにはいられません。何かを予知するような動物の行動って、自然と共に生きている彼らにとってはいたって普通のことなんでしょうか。そう思って犬の顔をまじまじ見ると、熟達した賢者に見えるから不思議っす。

宮島に行った時は、初めてのフェリーもフセをして堂々と乗ることができ、鹿たちにも挨拶をしていました。

広島県／植田すみれ（メス・3歳）

山田's コメント

大鳥居とすみれの笑顔のツーショットが目に浮かびます。世界遺産の圧にも屈しない、柴魂を感じました。山田も彼の地を訪れたことがありますが、アイス片手にだべる地元高校生の輪に、普通に鹿が加わっていたのを思い出しましたね。

の多い栃木県に住んでいた子犬時代、空を縦に走る稲光の中でも意気揚々と散歩していました。

東京都／柳川茶太郎（オス・6歳）

山田'sコメント

この子犬、強い。まるで戦国武将の幼少期の逸話のようだ！小1の頃、道のダンゴ虫にビビッて動けなくなり、母を迎えに来させた山田との格の違いをまざまざと見せつけられた。偉くなる人ってやっぱり子供の頃から違うんだな！

息子が生後3ヶ月の頃、何をしても泣き止まないことがありました。ある日、いつもと同じように授乳を終え、オムツを変え、家事をしようと息子のそばを離れると、

やっぱり泣いてしまいます。苦肉の策で、息子を見ていられる所で洗濯物を室内干ししていました。しばらくすると、息子の「キャッキャッ！」という笑い声が。「さっきまであん

なに泣いていたのに何事!?」と思い目をやると、海が体をスリスリして息子をあやしていたんです。私が洗濯物を干している間、ずっと息子の相手をしてくれました。

愛知県／増田海（メス・2歳）

山田's コメント

家族の一員として、海も育児に参加しているのが感じ取れます。ママが大変そうだってことを理解して、場を和ませるフォローができるなんて、さすがは女の子。ちなみに海は赤ちゃんの寝返り介助もできるらしい！ ここには愛がいっぱいだ！

山田的まとめ

ヒトの武勇伝といえば真っ先に、若気の至りのやらかし系を想像してしまいますが、皆さんにいただいたエピソードを読み進めるうちに、そんなおのれが恥ずかしくなりましたね。犬の場合、まず純粋な動機があって（おそらくそれは誰かのため）、その結果として勇ましくなっていたんだと思い知りました。やっぱり、「優しさとは強さである」って本当なんだな……。

テーマ　愛犬の心の広さ

我が家にはカンタの後に迎えた、2歳のメス柴もいます。メイがオヤツやオモチャを取ろうが、頬を噛んで引っ張ろうがシッポを引っ張って引きずられてもカンタは全く怒りません。メイが怒ってもカンタは言い聞かせるように優しくハグハグ。他の子にも怒らないんですが「鈍臭いのか!?」と思うくらい、優しいコです。

三重県／山邉カンタ（オス・3歳）他

山田'sコメント

オヤツめがけて一直線タイプの子と、食べるまで謎のひと呼吸がある子と別れますな。そんなに譲ってしまっては、この世の中でやっていけるだろうかと心配してしまいますが、カンタのバックには飼い主さんがついているんだからね！

家に遊びに来た初対面の人も大好きで、ぬいぐるみをお土産にして大歓迎します。どんな人でも横に座り、太ももに顎をのせたり、ヘソ天して甘えたり。また事情があって子猫を保護した時、いつもは食い意地が張っているのに子猫に食事の場所を譲ってあげたり毛繕いをしたり……とても優しい一面を見ることができました。

兵庫県／大溝くう（メス・4歳）

全動物好きが泣いた！犬と猫が仲良く寄り添う姿。ついつい動画をタップして見ちゃうヤツですよ。たぶん、くうは日頃の飼い主さんの自分への接し方を真似しているのかも知れないなぁ、と思いました。

意味もなくシッポで遊んだり耳を触ったり、「高級黒毛和犬（黒毛和牛）だぁ！」と家族で騒いだり。ウザイ飼い主のことを、まだ飼い主でいさせてくれる愛犬の心は広いと思います！時々パクッとしてきますが、本気噛みはしないのでつくづく「優しいぃぃぃ！」と思っています（笑）。

東京都／西田オハナ（オス・15歳）

山田'sコメント

高級黒毛和犬オハナ。このインパクトのある言葉。これから街で黒柴を見かける度に、この言葉が脳裏に浮かんでしまうに違いない。ウザ絡みしてしまう気持ち、わかります！そこに愛があることをオハナもわかっているんだな〜。

ムギの心は決して広くありません。昔はそうでもなかったのですが、今では売られた喧嘩は買う、喧嘩も売っていくという奴です。でも、家で何か言いたいことがあるとまっすぐ見つめて訴えてきます。その顔が本当に面白くて、クマの某キャラクターそっくりなんです。まっすぐ見つめられると「僕、困ってます」と言っているよう。外での姿とは真逆でとても面白いです。

滋賀県／森 ムギ（オス・3歳）

山田'sコメント

わかるぅ～。わかりすぎる～。柴犬の困り顔、あのクマに似てる！ちなみに山田が子供の頃、近所にどう見ても坂上二郎にしか見えない柴犬が住んでいたことを思い出しました。密かにジロさんと呼んでいましたね。

たとえ相手の犬が初対面でも顔馴染みでも、自由ににおいを嗅がせます。あちこち、しつこく（笑）

くんくんしてきてもされるがままですね。むしろ嗅ぎやすいように足をあげたり、動かずにいてあげたり……。

青森県／友永弥生（メス・2歳）

山田'sコメント

嗅ぎたければ気が済むまで嗅げばいいさ。アタチは逃げも隠れもしないよ……。この堂々たる姿、2歳にして大物の片鱗を見せつける弥生。反撃しないと思っていると、後で手痛いカウンターを浴びることになるに違いない！

山田的まとめ

目まぐるしく変化する今の時代。何が起こってもおかしくない。え？　マジで？　それもうオワコンなの？　待ってよ！　やっと覚えたばっかりなのに〜、と驚愕する我々人類を尻目に、動物たちは文句も言わず、変化にあっさり適応していく。犬にしてみたら、人間といるとウザイ時もあるけどおいしいものくれるし、まぁ、いっか！的な気持ちかもしれないけど……。何でも受け入れる心の広さ、見習いたい！

目の前のオヤツに集中

これ大事！

PART 4

やっぱり好き！

テーマ 愛犬がスネてしまったこと

大好物のガムをあげている隙にお尻の毛をカットしようとした時です。気配に気づいたどんぐりは、ガムをくわえながら文句を言い続け、そのガムを投げ捨てました！　その後なぜかまたガムをくわえながら、5分以上私たちに説教していました（笑）。

秋田県／小林どんぐり（オス・4歳）

山田'sコメント

どんぐりのお尻センサーをかいくぐるのは至難の業だな。大好物のガムに飛びつく単純さと、お尻への微かなタッチをも見逃さない繊細さを兼ね備えるとは……。どんぐりにとてつもない可能性を感じずにはいられない！

ドアの前で寝ていても、部屋を出ようとするとすぐにどいてくれるなな。手が離せなくて一緒に遊んであげられていなかった日は、スネてドアの前から動いてくれませんでした。手前に引くタイプのドアなので開けられず、押してもこちらを見ようともしません。トイレを我慢しながらめちゃ撫で回したら、やっとどいてくれました（笑）。

埼玉県／日比野なな（メス・2歳）

山田'sコメント

あたしのこと、構ってくれるまで通さないんだから！……なんと女子柴らしい、かわいいスネ方だろうか。しかも「トイレに行きたい」という飼い主さんが切羽詰まった状態で仕掛けてくるとは、なかなかの駆け引き上手！

私が子供を叱っていると、自分が怒られていると勘違いして、スネて2階に行ってしまいます。

茨城県／福地ごん太（オス・5歳）

山田'sコメント

いつも優しい母ちゃんが鬼の形相……。ごん太の動揺が伝わってきます。どうしたらいいのかわからない。ひとまずこの場から逃げ去りたい。2階でおとなしくしているから、いつもの母ちゃんに戻ってほしいワン、というごん太のいじらしい犬心なのか。

怒られて「ハウスに入りなさい！」と言われた時はいつも、ハウスの中でフセをしながらケージに上唇を引っ掛け、上の歯だけ出してこちらを見てきます（笑）。すごくブサイクになるので笑ってしまいます。

奈良県／吉川てん（オス・2歳）

山田'sコメント

「ふてくされている」をここまで見事に体現するとは恐れ入る。真面目に叱っている時に、顔芸は勘弁してほしいものだ。笑いをこらえるのはけっこう腹筋にこたえる。とはいえ、てんの元気いっぱいでやんちゃな様子が目に浮かんで微笑ましいぞ！

オヤツの要求がしつこい日に「今日はもうおしまい！」と無視していたら、壁の隙間から顔を半分出して、〝家政婦は見た〟状態で30分ほどこちらを睨んでいたことが。根性あります。

福岡県／岡本チョビ（オス・4歳）

山田'sコメント

無言、遠巻きに視線で訴える……チョビの中に猫を感じます。さすがは「犬界の猫」と異名をとる柴犬！　それにしても、犬や猫にオヤツを我慢させた手前、飼い主がオヤツを食べているところを見られると非常に気まずい。どうしたらいいのか。

山田的まとめ

スネる犬……。その言葉の響きだけですでにかわいいので、絵にするのもどうしたもんかと思いましたよ。皆様からのエピソードは、勝手に頭の中で映像化しながら拝見してるのですが、今回は始終ニヤニヤでした。その山田の姿に恐れをなしたのか、飼い猫も近寄ってきませんでした。犬たちがスネてみせるのは、そうすることで飼い主さんが必ず気にかけてくれると信じているからこそなのかもしれないな。

テーマ

ちょっぴり恥ずかしかった愛犬の行動

ドッグフェスタに行った時、試食のオヤツケースのにおいをすべて嗅いだ後、一番高いカンガルー肉ジャーキーのケースを鼻先でつついて「これ食べたい！」とアピール……。本当に恥ずかしかったです。

静岡県／日下 聖（オス・4歳）

山田'sコメント

高いものはやっぱりウマイ。私もそう思います。聖の汚れのないまっすぐな目がすべてを物語っている。ウチにいる猫も、誕生日に高級缶詰を献上したら、鼻息を荒くして挙動不審になっていた。君たち、露骨すぎんか。

散歩中、バス停でバス待ちをしていた女子高校生2人を見つけたこしょう。彼女たちの近くでオスワリをして動かなくなりました。飼い主は察しがついて「もしよかったら撫でてもらえるかな?」と女子高校生に依頼。知らない人にいきなり撫でてほしいと依頼するのは勇気がいったし、恥ずかしかった飼い主でした。

大阪府／山本こしょう（オス・3歳）

山田'sコメント

改めて女子高生ブランドの強さが浮き彫りになった！犬業界ですらこの有り様だ。そもそも人間の子供も若いお姉さんを選んで寄っていきがち。しかし、中年のおじさんが異常に好きな犬一派も少なからずいるのを忘れてはならない。

散歩に行った時、交通整理のおじさんに遭遇。肛門が限界だったのか、おじさんの顔を見ながら「フ～ン、フ～ン」と言って特大のウンチをしました。あれは恥ずかしかった……。

広島県／大畑ルナ（オス・11歳）

山田'sコメント

なぜ、今……。どうしてここで……。犬飼いさんなら誰しも経験するウンチ悲話。でも大丈夫！「俺の顔見た途端、ウンチするんだもんなぁ～」などと言いながら、同僚の爆笑をかっさらう、得意げなおじさんの姿が私には見えます。

方の散歩中、道の反対側を歩く別の犬を発見し、自ら近寄っていきました。ところが相手のコが近づいてくると、ビビったのか

突然我に返ったように、飼い主のスカートに頭をイン！「頭隠して尻隠さず」でした（笑）。

神奈川県／石井絆（オス・1歳）

山田'sコメント

ありますね。犬って突如としてビビる時が。いったい何を感じ取ったのか。人類の理解の範疇を超えている。昔、ふざけてお母さんのスカートの中に隠れて、超絶激オコされていた男児を見たことがあります。絆は犬でよかった。

ドッグランに行くと飼い主は無視。よその家のオヤツタイムや給水タイムに参加しています。

大阪府／阿藤ラガー（メス・4歳）

山田'sコメント

えっ!? この柵の中では何でもしていいってことじゃないの？ というラガーの声が聞こえてきそうである。ここでも自由の意味を履き違えた若者が、ヒトのオヤツに手を伸ばすという暴挙に出たようだ。無邪気な笑顔に困惑するばかり。

山田的まとめ

したいことをして何がいけないの？　ボクたち、好きなものを好きだと言えちゃいますから！　といったところであろうか……。今回も人間の建前を笑顔で打ち砕く、恐るべし犬の天然パワーに圧倒された山田だ。いやね、私だって全身モフモフの毛で覆われていて、目もほとんど黒目、みたいな姿だったら……って想像したらまるっきりイエティでした。人間は進化で大半の毛を失ってから、見栄を張るようになってしまったのかのう……。

テーマ 愛犬に『素直じゃないなあ』と思うこと

休日に車で一緒に外出することが多いのですが、私や妻が身支度を始めると落ち着きがなくなります。準備が整って出かけようとすると、脱兎の如く庭に走り出すのですが、いざハーネスを付けようとすると近づいて来ません。庭の芝をむしったり、水を飲みに家の中に戻ったり……。やっとハーネスを付けて車の指定席に乗せると「運転手さん、行ってくれぃ」ってな態度でデーンとふんぞり返っています!

山梨県/保坂はやと（オス・11歳）

山田'sコメント

「この喜びをどう表現したらいいのかわかりません!」というセリフをよく聞くけど、アレってこういうことなんだろうな。小学生のごとく、遠足前夜のションで右往左往するはやとがとっても微笑ましいのだ。

お皿に入れたゴハンは無視するので、手であげようとすると側に寄って来るきなこ。すぐには食べずにそっぽを向くので、わざと手を引っ込めると、鼻を使って「食べる！　出して！」とおねだりします。そんな姿に、素直じゃないな……と思います。

秋田県／稲川きなこ（オス・1歳）

山田'sコメント

いつものゴハン、変わりない日常。だけどちょっとの工夫で、飼い主さんとのやり取りを、こんなにも濃密にすることができるワン。なるほど、すべては心持ち次第というわけか。きなこの振り回しプレイに感心しきりだ。

帰宅した時など、気を引こうとしてわざと寝たふりをしたりしているのに、そのまま素通りすると慌てて起き上がります。

福島県／大河原コロマル（オス・7歳）

山田'sコメント

いつもと違う、何かあった風のボクを演出したのに、素通りするとかあり得ない。ははぁ〜ん、コロマルが人間なら、「探さないでください」という置き手紙を書くタイプに違いない。お望み通り全力で探してあげたい！

留守番の際はコングにオヤツを入れておくのですが、中身が上手に出せない時がある小夏。飼い主が帰って来るとコングの中身の確認をしてほしいけど、取られてしまうかもしれないとも感じて、ガウガウ……。それでも中身の有無が知りたいので、飼い主の手を触って見て見てアピール。でも少しガウガウ。早く素直になって、中身を確認させてほしい飼い主です。

新潟県／平野小夏（メス・9ヶ月）

山田'sコメント

参ったな、どう対応しても怒鳴られる……あ！この方、クレーマーだ！……お気づきになりましたか。でもご安心ください。オヤツさえ食べられたらすぐご機嫌になる、くりくりおめめのプリティクレーマーなんだ！

ス1匹、メス2匹の同居です。飼い主が座るとメスの2匹はすぐに寄ってきて甘えますが、オスの権三は甘えたそうなのに距離を置いて別の方向を向いてフセています。そんな姿を見て、素直じゃないんだから……と思い、こちらから構ってあげます。

神奈川県／佐藤権三（オス・7歳）他

山田'sコメント

もういいんだ、権三。男子が痩せ我慢する時代は終わったんだ。話題のスイーツ店に並んでも、猫カフェに行ってもいいんだ！自らを解放して、飼い主さんの胸に飛び込んでほしい。その腕は君を待っているぞ！

山田的まとめ

犬たちの気持ちの本当のところはわからないけど、けっこう彼らが人間相手に駆け引きを仕掛けてくることに驚いた山田だ。そのほとんどが、飼い主さんの気を引きたいという思いからの行動に違いない。ちょっと待て、かわいいにも程があるだろ！　皆様のエピソードを胸に抱き、危うく冬の寒空に犬への愛を叫ぶところでしたぞ。さて、仕事が終わったら、今日も頭が痛くなるまでかわいい犬動画見よっと。

WAO!

テーマ　愛すべき内弁慶

家族と散歩している時にだけ芝生を滑ります。アゴ滑り、背中滑りなど……。他の犬や人がいるとしません。

東京都／川上銀（オス・5歳）

山田'sコメント

気を許した人の前でしかはしゃげない、警戒心の強い銀。これって飼い主さん側からすると、銀のとびっきりの笑顔が見られるのは自分だけ、ということですね？なんだかうらやましいな。山田もアゴ滑りに参加したい！

自宅の庭では近所の犬や野良猫に向かってワンワン吠え、リードで繋がっている散歩中はよその犬に興味を示すものの、向こうが近付いてくると逃げ腰になります。完全フリーになるドッグランでは、ベンチの裏に隠れて存在を消しています。

東京都／佐久間さだ吉（オス・5歳）

山田'sコメント

ワタクシ、常日頃から思っていました。そろそろ「借りてきた猫」の同義語として、「ドッグランの柴犬」を加えてもいいのではなかろうか。猫ちゃんの横にお犬様もぜひお願いしたい。識者の検討求む！

家族が在宅時は番犬として先頭に立ってワンワンと吠えていますが、家族が留守の時は全く吠えずに愛想良くしているそう。宅配便の配達員さんと話している時に「皆さんがお留守の時は全く吠えないですもんね〜。お利口です」と聞いて発覚!! 番犬になっているのか疑問なハクです。

熊本県／太田ハク（オス・3歳）

山田's コメント

番犬なんて、やってる感出しとけばOKだワン。所詮この世は要領いい奴が生き残るんだワン。人生の荒波を悠々と渡るハク先輩、かっけーっす。その処世術、しかと心に刻みます。肩の力が抜けている人ってなんだかカッコイイな!

外ではかわいい顔で人を見上げていますが、家に帰るとすぐ鼻の上に3本線が入ります。特にケージの中にいる時は、覗くと怒ります。

茨城県／須藤ふく助（オス・1歳）

山田's コメント

家の外は危険がいっぱいだ。散歩中に有事の際は、飼い主さんと共同戦線を張ることを視野に入れ、関係を良くしておこうという高度な外交手腕を見せつけるふく助。それでいて馴れ合いは許さない。これは手強い！

ゴハンを要求する時は全力でアタックしてくるくせに、散歩中にテントウムシを見つけた時はいじりたいけど怖いみたいで優しくチョンと触っていました。

東京都／田村 杏（メス・2歳）

山田'sコメント

おてんば娘の弱点。これがギャップ萌えというやつですね。子猫を助ける不良、高飛車な女性（昭和の頃これをタカビーと言いました）が見せる涙……。ベタな演出とわかっていても、この手のキャラクターが登場すると俄然ストーリーが盛り上がるのだ。

山田的まとめ

「内弁慶の外地蔵」という言葉を聞くと、山田の脳裏には当たり前のように柴犬の顔が浮かびます。あの固まった情けない様子が庇護欲を掻き立てますが、家族の前ではリラックスしている証拠だと思うと微笑ましいです。それにしても、話に尾ひれがついて伝えられたとはいえ、後世ことわざに名前を残すなんて弁慶さんってマジ強面だったんすねぇ……。

テーマ　愛犬に振り回されたこと

緊急事態宣言で家族全員がリモートワークに突入した初日、主人と娘はそれぞれ部屋で仕事やオンライン授業。こてつ氏は、普段みんなが出勤する朝9時に、そわそわ……。そしてハァハァしながらウロウロ……。しまいには「おかあさん、これ着て!!」と、お散歩コートを掛けている和室のふすまをガリガリして散歩の催促! 仕方ない……。雨風吹き荒れる嵐の中、カッパを着てその日2回目の散歩へ。これを午後にさらに2回繰り返し、完全にこてつに振り回された1日でした。

東京都／渡辺こてつ（オス・7歳）

山田'sコメント

飼い主さん、どしゃ降りの中何度もお散歩大変でしたね。普段と違う家族の様子に、こてつも落ち着かなかったのかな。動物の「いつもと違う雰囲気」を察する能力ってすごい。特に動物病院の日!

公園の芝山で駆け上ったり下ったりと、元気な栄太郎。いつもは私が下の方に移動してから走らせるのですが、その日は突然全力で駆け下り！ご想像の通り、バッタリ前に倒れ込み、リードは手から放れ失神しそうな痛みでした……。以来、栄太郎は私の合図をしっかり待つようになりました。

千葉県／千葉栄太郎（オス・4歳）

山田's コメント

お待ちしておりました、物理的に振り回されたパターン。飼い主さんの詳しい図説がツボでした。その後学習して気遣いを見せるなんて、栄太郎は賢い子。しかし大人になってから転ぶとホントに痛いよなぁ……。

遊んでほしいと夫の前でオスワリをして圧をかける定春。夫が「遊ぼうか」と席を立ってオモチャを持ってきても、気に入ったものじゃないと素知らぬふりをしています。遊んでアピールをされたから遊ぼうとしたのに（笑）。

群馬県／志賀定春（オス・2歳）

山田'sコメント

なんて言うのかな、愛犬の期待に応えられなかった時って地味に落ち込むんだよな……。それで申し訳なくて代わりにオヤツあげちゃったりする。ん？もしやオヤツをあげる方向にヒトが誘導されているのか？犬は目がかわいくてずるい！

夏にプールのあるドッグランに連れて行きました。プールは有料1時間制で、暑いから泳がせてあげようと予約をしたのです。しかし、いざ入ってみると開始5分で「隣のドッグランに行きたい」と、ずっと網にしがみついていました。少し前には琵琶湖で楽しそうに泳いでいたのに……。

大阪府／阿藤ラガー（メス・2歳）

山田'sコメント

何故だ！ 琵琶湖もプールもチャプチャプするのは同じではないか！と人間からすると思う。しかし幼少の頃、映画に行くと言われ、『ピンクレディーの活動大写真』が見たかったのに『トラック野郎・突撃一番星』を見せられた私はラガーの気持ちがわからないでもない。

雪が積もった公園などで楽しそうに遊ぶので、一念発起して冬の白馬に宿を取って遊びに行きました。が、あまりの雪の量にびっくりしたのか、宿のドッグランでは立ちすくみ。その後は車に一目散に向かい、「早く帰ろう！」とドアをガリガリ。結局、宿の部屋でじっとして過ごしました。

神奈川県／取屋 桃（メス・5歳）

山田'sコメント

桃は飼い主さんと共に見る、日常の景色に降る雪が好きなんだな。でも緊張で固まっている姿も、また愛らしいので許せてしまうかも。それにしても白馬で宿泊とはうらやましい！ 私も犬と化し、雪の中を転げ回りたいぞ！

山田的まとめ

読んでいるだけでセ●ミン飲むより元気が湧いて来ます。さぞや喜ぶであろうと御膳立てすれば肩透かしをくらい、いつもと様子が違うと右往左往し、挙句の果てに文字通り物理的に振り回される飼い主さんたち。それでも愛犬のかわいい困り顔を見れば、無駄になったお金も時間もチャラにできる気がする……。いやできる!!

テーマ

愛犬とのお出かけ最高！と思う瞬間

夏の2ヶ月、北海道から東北までをスポーツカーでキャンプ旅しました。犬と泊まれる施設は少なかったり高かったりでほとんどテント泊でしたが、りんがいたことでより自然を感じたり、普段の生活では感じられない経験ができました。中でも1番の思い出は北海道での台風の日、4畳半のバンガローに3泊4日したことです。安全のため宿に泊まろうとしたのですが、犬OKの施設が見つからず……かろうじて見つけたのが電気水道なしのバンガロー。雨風がすごくてなかなか外に出られず、飼い主は病んでいく一方でしたが、りんがいてくれたことで癒され、台風を乗り切ることができました。

埼玉県／栗原りん（メス・5歳）

山田'sコメント

間違いない。犬の笑顔は和む。ちょっとピリついた空気も、シッポふりふり&エヘへな笑顔の犬が登場するだけで確実に和む。特に柴犬の笑顔を見ると、何故か昔から笑点のテーマ曲が頭の中で流れる山田であった。パフッ♪

犬と暮らすまでは家大好きで、休日は引きこもっていた虚弱体質な私。毎日散歩に出るようになって体力も付き、おまけに5キロ太りました（ご飯がおいしくて笑）。散歩友達もたくさんできて、今では柴犬友達と柴犬だらけの貸し切りドッグランを主催するように。これまでとは考えられない生活になり、モクシュラの存在で人生が変わりました！

大阪府／廣山モクシュラ（オス・2歳）

山田'sコメント

犬と暮らすと健康になる説を実証された飼い主さん。やっぱり歩くのって健康にいいんだな。体だけでなく頭も冴えてくると聞きました。そして何より「柴犬だらけのドッグラン」というパワーワードに釘付けです。

足、修学旅行、デート、出産後に子供と……自分が子供の頃から何かと行っていた遊園地。もう行くこともないかなぁと思っていましたが、犬と遊べる区別営業のイベントがあり行ってきました。一緒に観覧車やメリーゴーランドなどに乗り、とても楽しい1日となりました。まさか、愛犬に連れて来てもらえるとは！

宮城県／荒井あさむらさん（メス・4歳）

山田'sコメント

緑のある場所ってありますね～。メリーゴーランドに乗って回転するあさむらさん、想像しただけでかわいらしい！遊園地って若い頃の象徴的な場所だから、どうしてもノスタルジーに浸ってしまうなぁ……。カムバック豊島園！

ご近所の散歩では天気のにおいがわかるようになり、四季を体感し、遠方へのお出かけは私の運転技術が磨かれました。一緒に後部座席に座る時は、ドライブ好きのまりもの喜ぶ笑顔も拝めます！

神奈川県／加藤まりも（メス・推定8歳）

山田'sコメント

いつも一緒にいると、種族が違うのにお互い相手に寄っていくから不思議。犬はヒトっぽくなり、人はイヌっぽくなる。そんな仲間同士があちこちお散歩したりドライブするなんて、なんだかとっても楽しそうだな。

スキー場近くのペットと泊まれるホテルに行った時のこと。雪がたくさん積もって、まっさらな雪の上を虎徹も大和も楽しそうに泳いでいた時「寒くないのか？」と思うと同時に、その嬉しそうな顔に飼い主も嬉しくなりました。私も童心に帰って雪遊びしてしまいました！

長野県／大日方虎徹（オス・6歳）他

山田's コメント

嬉しい！ 楽しい！ という気持ちを表現させたら、犬の右に出るものはいないんじゃないかと思います。飼い主さんが釣られてしまうの、わかります！ まっさらな雪の上にダイブしたくなるのは生きもの共通なのか!?

いつもの散歩は、車で20分ほどの大きな公園に通っています。そこにはたくさんの犬が集まり、季節ごとの花や樹木も楽しめます。犬は小型犬から大型犬まで、多い時は30匹くらい。みなさん少しずつ声をかけ合って、楽しい雰囲気を作っているところも気に入っているポイントです。お出かけスポットやしつけ・ケアなどの情報交換をしたり……ニコの社会化も、この公園に通うようになって、一気によい方向へ進みました。控えめに言って〝最高〟の散歩スポット。毎日の散歩が最高に楽しいと思う瞬間です。

埼玉県／黒須ニコ（メス・6歳）

山田'sコメント

飼い主さんとニコ、そして公園の情景が瞼に浮かびます。幸せってきっとこういう場所にあるんだな！ 宝くじとか買って、当たったらどうしようか妄想しているようじゃ、たどり着けないな。ええ、私のことですけどね。

山田的まとめ

ご覧いただけただろうか。この飼い主さんと犬のバディ感。さすがは1万5000年来の人類の友ですよ。最近は、エキゾチックな動物のお散歩姿を街で見かけることも珍しくなくなりましたが、やっぱり外で人間の隣にいてしっくりくるのは犬なんですってば。そして犬を見ているとどこか懐かしい気持ちになるのは、一緒に生活した記憶がDNAレベルで記録されているからに違いない！これからもずっと犬とお出かけ、レッツらゴー！

おわりに

「代り映えのしない毎日」という言葉がありますネガティブな響きで、ニンゲン的にはとてもネガティブな響きで、特に不幸せというわけでもないのに何故か、このままではいけない！という思いに駆られて不安になってしまいます。けれど犬と暮らすと、彼らがどれだけ「代り映えのしない毎日」を大事にしているか思い知ります。お散歩、ゴハン、ちょっと遊んで疲れたら眠る。その寝顔はむしろ、何も起こらなかったことに安堵しているかのように見えます。私は近頃そんな犬の生き方に憧れはじめてきたのかもしれません。最後に、犬を愛する優しいすべての人々と、Shi-Ba編集部にありったけの感謝を！

今日も散歩が待っている

2024年3月20日　初版第1刷発行

漫画　　山田優子
編集人　打木 歩
発行人　廣瀬和二
発行所　辰巳出版株式会社
〒113-0033東京都文京区本郷1-33-13春日町ビル5F
TEL：03-5931-5920（代表）
FAX：03-6386-3087（販売部）
デザイン　岡 睦（mocha design）
印刷・製本所　図書印刷株式会社

ISBN 978-4-7778-3114-2 C0077